BEI GRIN MACHT SICH IHR WISSEN BEZAHLT

Bibliografische Information der Deutschen Nationalbibliothek:

Die Deutsche Bibliothek verzeichnet diese Publikation in der Deutschen National-
bibliografie; detaillierte bibliografische Daten sind im Internet über http://dnb.d-
nb.de/ abrufbar.

Impressum:

Copyright © 2004 GRIN Verlag, Open Publishing GmbH
Druck und Bindung: Books on Demand GmbH, Norderstedt Germany
ISBN: 9783668120167

Dieses Buch bei GRIN:

http://www.grin.com/de/e-book/150476/zauberdreiecke-mit-den-zahlen-von-1-bis-
10-schriftlicher-unterrichtsentwurf

Natalie Fedine

Zauberdreiecke mit den Zahlen von 1 bis 10. Schriftlicher Unterrichtsentwurf zum Zweiten Staatsexamen im Fach Mathematik

GRIN Verlag

UNTERRICHTSVORBEREITUNG ZUR ZWEITEN STAATSPRÜFUNG
FÜR DAS LEHRAMT AN GRUNDSCHULEN

FACH:	MATHEMATIK
KLASSE:	3C
DATUM:	07.10.04
ZEIT:	8.45-9.30

THEMA DER UNTERRICHTSEINHEIT:	ZAUBERDREIECKE
THEMA DER UNTERRICHTSSTUNDE:	ZAUBERDREIECKE MIT DEN ZAHLEN VON 1-10
ZIEL DER STUNDE:	DIE SCHÜLER SOLLEN IHRE PROBLEMLÖSUNGSFÄHIGKEIT ENTFALTEN, INDEM SIE DIE GESETZE UND STRUKTUREN DES ZAUBERDREIECKS ENTDECKEN, FORMULIEREN, MIT DEREN HILFE WEITERE ZAUBERDREIECKE ENTWICKELN SOWIE EINIGE LÖSUNGSSTRATEGIEN VERBALISIEREN.

GLIEDERUNG:

LERNVORAUSSETZUNGEN
SACHANALYSE
DIDAKTISCHE ÜBERLEGUNGEN
METHODISCHE ÜBERLEGUNGEN
LITERATUR
ANHANG

Lernausgangslage

Die Lerngruppe besteht aus 21 Schüler/innen der Klasse 3c, zusammengesetzt aus 12 Mädchen und 9 Jungen im Alter zwischen 8 und 10 Jahren.
Die meisten Schüler der Klasse zeigen ein großes Interesse an Mathematik, reagieren auf die Impulse sehr motiviert und nehmen die Lernangebote gerne an. Die Leistungsfähigkeit und das Arbeitstempo der Lerngruppe im Fach Mathematik weisen extreme Differenzen auf. Im vergangenen Jahr erforderte die Klassensituation viele Formen natürlicher Differenzierung, bei der die Kinder ihr Bearbeitungsniveau selbst wählen und dennoch alle gemeinsam an einem Thema arbeiten konnten.
S. wohnt im Erziehungsheim und hat Probleme mit seinen Eltern. Er wiederholte bereits das zweite Schuljahr. In seiner alten Klasse verweigerte er meistens die Mitarbeit im Unterricht. Anfangs wirkte er auch in seiner neuen Klasse sehr verschlossen und gehemmt. Durch wechselnde Sozialformen, offene Arbeitsweisen und Aufforderungen zur Kommunikation von Seiten der Kinder gewann er im Laufe der Zeit zunehmend an Sicherheit und Offenheit und beteiligt sich meist mit qualitativen Beiträgen am Unterrichtsgeschehen. Nur noch an manchen Tagen verfällt er in alte, verweigernde Verhaltensmuster und verschließt sich gegenüber den Kindern und der Lehrkraft. Dann arbeitet er lieber alleine.
A. und M. sind Schwestern. Aufgrund diverser Beeinträchtigungen und Behinderungen muss im Unterricht langsameres Tempo beider Mädchen berücksichtigt werden. A. fällt aufgrund ihrer visuellen Wahrnehmungsproblematik und visuomotorischen Beeinträchtigungen auf. In Mathematik ist sie rechenschwach. Es gelingt ihr aufgrund der Konzentrationsstörungen zuweilen nicht, die Arbeitsanweisungen der Lehrerin aufzunehmen und umzusetzen. M. ist ein sehbehindertes Mädchen, das besonderer sehbehindertenspezifischer Förderung bedarf. Bei der Organisation des Arbeitsplatzes verlieren beide Mädchen häufiger den Überblick. Sie brauchen intensive Unterstützung durch besondere differenzierende Maßnahmen und Integrationshelfern. Im Mathematikunterricht besteht die Aufgabe der Integrationshelferin in der nochmaligen Erklärung der Arbeitsaufträge, Zentrierung der Aufmerksamkeit, Bereitstellung diverser Hilfsmittel, Einweisung und Hilfestellung im Gebrauch von Arbeitsmitteln, Anleitung zum selbständigen Arbeiten und Ordnungsverhalten sowie Differenzierung bei der Hausaufgabenstellung.

Fachliche Lernvoraussetzungen

Im Mathematikunterricht der letzten zwei Jahre lernte die Lerngruppe bereits Aufgabenformate wie Zahlenmauern, Rechendreiecke und Zauberquadrate kennen. Sechs Kindern der Klasse, die im letzten Schuljahr den Rechenmeisterkurs für besonders begabte und hoch interessierte Schüler besuchten, sind bereits weitere substantielle Aufgabenstellungen wie Muster und Zahlenfolgen, Streichquadrate, Würfeltürme und komplexere Zauberfiguren aus der Unterhaltungsmathematik bekannt.
Beim Großteil der Klasse sind die substantiellen Aufgabenformate sehr beliebt. Mit spürbarer Begeisterung gehen die Schüler an die Aufgaben- und Problemstellungen heran. Vielen Kindern gelingt es, nach einiger Zeit des Suchens vorteilhafte Lösungsstrategien zu erarbeiten. Nur wenige verharren in der probierenden Strategie und müssen viele Rechenaufgaben bewältigen, um zu einer angemessenen Lösung zu gelangen. Damit auch sie viele Erfolgserlebnisse haben, dürfen sie meist auf Tipps der Lehrerin oder der Schüler zurückgreifen, was ihnen die Bewerkstelligung der Aufgaben erleichtert. Mit viel Stolz berichten die Schüler von gefundenen Tricks und Lösungsstrategien der ganzen Klasse.
Abgesehen von der Rechenmeisterkurs-Gruppe ist das Aufgabenformat dieser Einheit „Zauberdreieck" der gesamten Lerngruppe neu.
Der Zahlenbereich bis 24 wurde mit der Lerngruppe bereits erarbeitet. Die meisten Kinder der Klasse sind in Umgang mit den Zahlen bis 24 versiert. Die Additions- und Ergänzungsaufgaben mit drei Zahlen sind den Kindern bekannt. Drei rechenschwache Mädchen der Klasse Anna, Maria und Marie haben die Abstraktion auf die Anzahl in der mathematischen Bedeutung auch in diesem Zahlenraum noch nicht vollständig erfasst. Sie identifizieren das Rechnen mit den Zählvorgängen, die sie meist durch Vorwärts- oder Rückwärtszählen bewältigen. Sie rechnen durch Abgehen der Zahlwortreihe, ohne sich auf die vorliegenden quantitativen Verhältnisse bzw. operationale Logik zu beziehen. Beim Kopfrechnen ist bei ihnen kein Bezug zur dezimalen Stellenlogik erkennbar.

Methodische Lernvoraussetzungen

Das soziale Lernen fördernde Arbeitsformen wie Partner- und Gruppenarbeit gelten in der Klasse als durchgängige Unterrichtsprinzipien und werden regelmäßig durchgeführt. Das handlungsorientierte Arbeiten mit konkretem Material und auch der Einsatz von Lernspielen ist für die Kinder Alltag. Die Lerngruppe ist an das

3

selbständige Erarbeiten neuer Lerninhalte gewöhnt. Zumeist wurden mit Hilfe ergiebiger, didaktischer Materialien an den Tischgruppen Erfahrungen gesammelt, neue Entdeckungen diskutiert und protokolliert. In anschließenden Reflexionsrunden wurden diese der gesamten Klasse vorgestellt, von anderen Gruppen ergänzt und reflektiert.

Dabei konnten die Kinder immer wieder ihr hohes geistiges Potential zum Einsatz bringen, Entdeckungen formulieren und handelnd darstellen, auf viele Details eingehen, Kritik äußern und auf einem hohen Niveau das Thema selbständig erarbeiten.

Problemorientierten Aufgabenstellungen begegneten die Schüler hoch motiviert und konnten durch konzentriertes Arbeiten zu angemessenen Lösungen gelangen, diese präsentieren, erklären und teilweise begründen.

Sachanalyse

Zauberfiguren wie auch Zauberdreiecke sind mit magischen Quadraten (Zauberquadraten) verwandt und stellen Elemente der uralten Unterhaltungsmathematik dar. Als das wichtigste Ziel bei der Bearbeitung aller Zauberfiguren erweist sich das Entdecken und Erproben von Problemlösungsstrategien.[1]

Ein kleines Zauberdreieck setzt sich aus sechs Feldern zusammen, die dreieckig angeordnet sind. Zur Verfügung stehen die Zahlen 1 bis 10, die entsprechend den dekadischen Analogien auch vergrößert werden können. Die Problemstellung besteht darin, sechs aus zehn Zahlen so in den Feldern anzuordnen, dass alle Seitensummen gleich groß sind.[2] Dabei steht jede Zahl nur einmal zur Verfügung. Insgesamt gibt es 10x9x8x7x6x5 = 151200 verschiedene Anordnungsmöglichkeiten.

Die Felder des Dreiecks können in innere (grüne) und äußere (gelbe) unterteilt werden. Entspricht die jeweilige Differenz zwischen den inneren Zahlen der jeweiligen Differenz zwischen den Eckzahlen, so kann daraus ein Zauberdreieck mit gleichen Seitensummen gebildet werden, wenn man beispielsweise im äußeren Dreieck die Zahlen in aufsteigender und im inneren in absteigender Reihenfolge platziert. Durch Drehung und Spiegelung entstehen fünf weitere Zauberdreiecke mit den gleichen Zahlen. (Beispiel: mittlere Zahlen: 2, 3, 4; Eckzahlen: 8, 9, 10. Die Differenz beträgt jeweils 1.)

```
         2                  Allgemein:               x
   10 ――― 9                                      y+2 ―――― y+1
3    8 ∕ 4    Seitensumme = 15       x+1        y ∕         x+2
```

Seitensummen sind alle gleich: x+y+2+x+1 = x+y+1+x+2 = x+1+y+x+2 = 2x+y+3

Ist die Zahlendifferenz unterschiedlich, entsteht kein Zauberdreieck. (mittlere Zahlen: 1, 3, 5; Eckzahlen: 6, 7, 8. Die Differenzen betragen jeweils 2 und 1.) Auch eine andere Anordnung der Zahlen durch die Drehung oder Spiegelung führt dabei nicht zur Lösung des Problems.

```
         1                                           x
   8 ――― 7                                       y+2 ―――― y+1
3    6 ∕ 5    Seitensummen: 12, 13, 14     x+2        y ∕      x+4
```

Seitensumme I: x+y+2+x+2 = 2x+y+4
Seitensumme II: x+y+1+x+4 = 2x+y+5
Seitensumme III: x+2+y+x+4 = 2x+y+6

Bei den Zahlen 1 bis 10 sind demnach die Differenzen mit dem Wert 1, 2, 3, 4 möglich. Den Grenzfall mit dem Unterschied 4 stellen die Zahlentripel 1, 5, 9 und 2, 6, 10 dar.

60 Anordnungsmöglichkeiten beinhalten die Problemlösung. Durch Spiegelung an der Dreieckshöhe entsteht eine neue Lösung. Durch Drehung der beiden erzeugt man jeweils zwei weitere Lösungen.

Differenz	Anzahl der Lösungen	Anzahl der Lösungen mit der Spiegelung	Anzahl der Lösungen mit der Drehung
1	30	60	180
2	18	36	108
3	10	20	60
4	2	4	12

Ingesamt beinhalten 360 Anordnungsmöglichkeiten die Problemlösung, die anderen 150840 sind erfolglos.
Ausgewählte Beispiele:

---

[1] vgl. Radatz, H., Rickmeyer, K., 1996, S. 16
[2] vgl. Metzner, W., 1991, S. 5

| Lösung | | Spiegelung | mögliche Drehung |

```
    Lösung                          Spiegelung              mögliche Drehung
       6                                6                         8
    5     4                          4     5                   4     3
  7    3    8   Diff. 1, Summe = 18  8   3   7              6    5    7

       2                                2                         4
    9     7                          7     9                   5     9
  4    5    6   Diff. 2, Summe = 15  6   5   4              6    7    2

       4                                4                         7
    8     5                          5     8                   8     2
  7    2    10  Diff. 3, Summe = 19  10   2   7             4    5    10

       1                                1                         9
    10    6                          6     10                  2     6
  5    2    9   Diff. 4, Summe = 16  9   2   5              5    10    1
```

Um die kleinste Seitensumme = 9 zu erhalten, nimmt man die kleinsten Zahlen (1, 2, 3, 4, 5, 6). Bei der größten Seitensumme = 24 nimmt man entsprechend die größten Zahlen (5, 6, 7, 8, 9, 10). Alle anderen Seitensummen, die zur Problemlösung führen, bewegen sich im Intervall [9; 24], deren zahlenmäßige Verteilung in der unten stehenden Tabelle zusammengefasst wird:

Seitensumme	9	10	11	12	13	14	15	16	17	18	19	20	21	22	23	24
Anzahl	6	12	12	24	24	36	30	36	36	30	36	24	24	12	12	6

Didaktische Überlegungen

Die Konzeption des aktiv-entdeckenden und sozialen Lernens gilt als fundamentales Leitprinzip des Mathematikunterrichts und soll die Auswahl der Unterrichtsinhalte bestimmen. Neben den inhaltlichen Lernzielen hat der Mathematikunterricht vor allem auch allgemeine Lernziele wie beispielsweise das selbständige Suchen von Lösungswegen, das flexible Einsetzen der Rechen- und Denkstrategien, das Darstellen, Formulieren und Begründen der Aussagen, das Ausbilden der Argumentations- und Kritikfähigkeit oder die Förderung der geistichen Beweglichkeit zu verfolgen.[3] Die aufgezählten Kompetenzen entwickeln sich nicht von selbst, sondern bedürfen der gezielten Förderung im Unterricht der Grundschule. Dazu sind für alle Schüler Aufgaben notwendig, „deren Lösung mit dem verfügbaren Wissen unmittelbar nicht möglich ist, die Verknüpfungen zwischen verschiedenen Wissensbestandteilen, die Konstruktion neuen Wissens, knobelndes Entdecken möglich machen".[4] Für die Verfolgung des Grundprinzips und der allgemeinen wie inhaltlichen Lernziele stellt das substantielle Aufgabenformat „Zauberdreiecke" das geeignete Mittel dar.

Die Stundenthematik und das Lernziel sind durch den Rahmenplan legitimiert und sind dort insbesondere unter den „Aufgaben und Zielen des Mathematikunterrichts" sowie „fachdidaktischen Grundsätzen" angeführt.[5] Laut Rahmenplan soll der Mathematikunterricht Freiräume für die Entwicklung mathematischen Denkens schaffen. Der Unterricht muss den Kindern Gelegenheit bieten, eigene Lösungswege zu beschreiten und diese mit der Klasse zu diskutieren. Das Thema Zauberdreieck ist im Rahmenplan nicht explizit aufgeführt, ist jedoch inhaltlich im Bereich „Addieren und Subtrahieren" anzusiedeln.[6] Vordergründig sollen Additions-, Subtraktions- und Ergänzungsaufgaben im Zahlenraum bis 24 gerechnet werden.

Auf inhaltlicher Ebene erweist sich das Thema für die Schüler einer dritten Jahrgangsstufe als eine Wiederholungsübung. Üben ist der umfangreichste Bestandteil des Mathematikunterrichts, jede Einführungsstunde muss bekannte und damit zu übende Elemente enthalten, damit die Kinder das Neue mit dem Bekannten verknüpfen können. In besonderem Maße sind abwechslungsreiche, anwendungs- und strukturorientierte Übungsformen wichtig. Der Lerninhalt der heutigen Stunde ist so strukturiert, dass er zum neuen Lernen auffordert und gleichzeitig die Anwendung des Gelernten fordert. Neue Zauberdreiecke können

---

[3] vgl. Scherer, P., 1997, S. 34
[4] Grassmann, M., 2002, S. 4
[5] Rahmenplan Grundschule, 1995, S. 144-146
[6] Rahmenplan Grundschule, 1995, S. 152-153

5

beispielsweise nicht durch schlichte Abarbeitung der bekannten Rechenverfahren entwickelt werden. Der Sinn dieser Übung besteht somit nicht nur im Automatisieren der Wissenselemente oder Fertigkeiten, sondern im Herausarbeiten bzw. Bewusstmachen von Lösungsstrategien oder zugrunde liegenden Leitideen.[7] Vor allem für die schwächeren Schüler der Lerngruppe mag die gewählte Aufgabe aus klassischer Sicht eine Überforderung darstellen. Jens Holger Lorenz, der Experte für Dyskalkulie, empfiehlt gerade bei rechenschwachen Kindern problemhaltige und anregende Aufgaben einzusetzen. Denn auch diese Schüler lernen nicht durch passive Nachahmung, sondern durch kognitive Herausforderung und Aktivität, die sie ihre eigenen Lösungswege entwickeln, korrigieren und verbessern lassen.[8] Das Erkennen und Herstellen von Zusammenhängen ist für diese Schülergruppe außerordentlich wichtig, denn sie können sich im Gegensatz zu Leistungsstarken die nötige Orientierungshilfe nicht von selbst schaffen.[9] Erkannte strukturelle Zusammenhänge fördern nachhaltiges Lernen und erleichtern später das Rechnen.

Ein weiterer wesentlicher Punkt ist, dass Knobelaufgaben den Kindern wie auch Erwachsenen Spaß machen. Getragen von der Hoffnung, hinter das Geheimnis oder den Trick zu kommen, beschäftigen sie sich mit der Problemstellung. Die Besonderheit dieser Aufgaben liegt darin, dass es für sie keine vorgefertigten Schematismen gibt und die Problemstellungen sehr weit in der Thematik gestreut sind.[10] Die eingefahrenen Schülerrollen relativieren sich bei der Bearbeitung dieser Aufgaben. Wie in der Literatur und Praxis festgestellt wird, zeigen Kinder, die in arithmetischen Bereichen Probleme haben, durch die andersartigen Anforderungen der Knobelaufgaben nicht selten unerwartete Leistungen. Die meisten unerfahrenen Schüler gehen oft zu unsystematisch ans Werk und scheitern vorzeitig an einer im Wesentlichen einfachen Lösung. Der Lerninhalt muss daher von der Lehrkraft so didaktisch-methodisch aufbereitet und strukturiert werden, dass er das ursprüngliche Interesse und die Motivation aufrechterhält und fördert. Das Ziel der Einheit besteht darin, die richtige Vorgehensweise beim Bewältigen schwierig erscheinender Aufgaben zu schulen und Hilfestellungen zu geben. Der Erfolg beim Problemlösen stärkt das Selbstvertrauen und die Aufmerksamkeit.

Folgende Zauberdreiecke werden für die erste Arbeitsphase herangezogen:

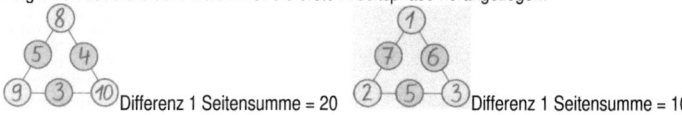

Differenz 1 Seitensumme = 20   Differenz 1 Seitensumme = 10

Das Betrachten zweier unterschiedlicher Zauberdreiecke stellt eine operativ-strukturierte und reflexive Übungsform dar, die die Kinder zum Miteinandersprechen über mathematische Inhalte auffordert.[11] Es entsteht ein natürlicher Rahmen für soziales Lernen, der die Gesprächskultur der Lerngruppe fördert.[12] Erwartungsgemäß beginnen die Schüler mit dem Ausrechnen der Seitensummen. Der Vergleich der Ergebnisse zeigt, dass in einem Dreieck die gleichen Summen auftreten. Aufgrund der Vorkenntnisse werden die Zahlenanordnungen als Zauberdreiecke identifiziert. Erst dann werden die Überlegungen zu den Zusammenhängen, Strukturen und Begründungen angestellt.

Zwei Zauberdreiecke sollen den Schülern verdeutlichen, dass Zahlen 1 bis 10 verwendet wurden und heute mit einem erweiterten Zahlenspektrum gearbeitet wird. Die farbige Struktur der Zauberdreiecke soll das Erkennen des jeweiligen Zusammenhangs zwischen den Eckzahlen und den mittleren Zahlen unterstützen, der in der Sachanalyse beschrieben wurde. Weiter können die Schüler entdecken, dass beide Zauberdreiecke in einer Beziehung zueinander stehen. Beim ersten Zauberdreieck befinden sich die größeren Zahlen in den Eckfeldern in aufsteigender Folge, die kleineren in den mittleren Feldern in absteigender Folge. Beim zweiten Zauberdreieck verhält es sich umgekehrt, wobei die aufsteigende und absteigende Folge eingehalten wird. Durch die Vorgabe der Dreiecke reduziere ich in der Einstiegsphase den Umfang nur auf die Zauberdreiecke mit der Differenz 1. Ich lege mich bewusst auf diese Kategorie fest, weil sie die meisten (180) Zauberdreiecke umfasst. In der Arbeitsphase II wächst somit für die Schüler die Wahrscheinlichkeit, ein weiteres Zauberdreieck nach diesem Prinzip zu entwickeln. Die Erarbeitung der Strukturen der Zauberdreiecke mit allen möglichen Differenzen 1, 2, 3 und 4 wäre für die heutige Stunde zu umfangreich, da weitere Zauberdreiecke herangezogen werden müssten. Für einige Schüler der Lerngruppe wäre die Variantenvielfalt in der ersten Arbeitsphase I eher verwirrend als

[7] vgl. Wittmann, E. Ch., Müller, G. N., 1998, S. 181
[8] vgl. Lorenz, J. H, 2003, S. 40
[9] vgl. Wittmann, E. Ch., Müller, G. N., 1997, S. 165
[10] vgl. Müller, R, 1986, S. 10
[11] Wittmann, E. Ch., Müller, G. N., 1998, S. 181
[12] Bönig, D., Strippel-Lorfeo, U., 2002, S. 31

förderlich. Das Herausarbeiten der Heurismen und der Beziehungen wäre durch die Unübersichtlichkeit vielzähliger Materialien erheblich erschwert. In der Arbeitsphase II wird auf diese Festlegung verzichtet, da sie an dieser Stelle die geistige Beweglichkeit der Schüler einschränken und einen individuellen Aufbau vom vernetzten Wissen behindern würde. Die Ganzheitlichkeit tritt beim selbständigen Entwickeln in den Vordergrund und lässt Freiraum für alle zulässigen Lösungen. Das weitere Prinzip dieser Stunde besteht darin, das Neue auf das Bekannte aufzubauen. Die Schüler können erkennen, dass das Gelernte über Zauberdreiecke mit den Zahlen 1-6 sehr hilfreich sein kann, um zu neuen Erkenntnissen zu gelangen.

Die Kenntnisse, Fertigkeiten und Fähigkeiten sollen nach dem Rahmenplan durch handelnden Umgang mit Materialien im entdeckenden Lernen gefördert werden. Dies entspricht der kindlichen Herangehensweise an die Probleme. Die Forderungen des Rahmenplanes können in der geplanten Stunde realisiert werden, da die Stundenthematik eine problemorientierte Struktur aufweist und die Kinder in der Arbeitsphase II mit dem praktischen Material wie Dreiecksfeldern und Ziffernkarten eigenständig umgehen. Die Simulation und Rekonstruktion mit vorhandenem Material fördert die Entwicklung individueller Heuristiken bzw. Strategien.[13] Das wiederholte Legen der Zahlendreiecke fordert die Kinder immer wieder auf, Aufgaben zu rechnen. Die Arbeitsphase II wird differenziert angelegt, so dass sich verschiedene Schülergruppen in ganz unterschiedlichen Phasen des Lernprozesses befinden können. Für die einen überwiegen die probierenden und die Rechenelemente, für die anderen die strategieorientierten Anteile. Durch die Einbeziehung vorher erarbeiteten Eigenschaften der Zauberfigur können die Kinder zunehmend den Rechenanteil reduzieren und schneller als durch probierende Strategien Lösungswege finden. Bei jedem entwickelten Zauberdreieck können sie wiederholende mathematische Strukturen entdecken. Durch das Erbringen und Prüfen der individuellen Denk- und Lösungsstrategien können sie die Problemstellung auf unterschiedliche Weise angehen.
Das Suchen und Finden weiterer Zauberdreiecke gehört zum problemstrukturierten und anspruchsvollen Übungstyp mit einem immanenten Charakter, weil die Zielsetzung, weitere Zauberdreiecke zu erzeugen, vorgegeben ist.[14]

In einem Zauberdreieck werden die sechs aus zehn Zahlen in einer geometrischen Struktur des Dreiecks angeordnet. In der Berechnung von Seitensummen treten die Eckzahlen immer zweimal, die mittleren Zahlen nur einmal auf. Geometrische Strukturierungen sind für das Verständnis von Rechenoperationen unverzichtbar. Nach Aebli vollzieht sich das Denken als „ordnendes Tun".[15] Das konkrete Handeln mit Zahlen in einer geometrischen Struktur unterstützt das Erkunden von Zusammenhängen, das Herausbilden des strategischen Denkens und führt nach Piaget zum „verinnerlichten Handeln".

Die Thematik kann zu einem späteren Zeitpunkt auf einem höheren Niveau fortgesetzt werden.[16]

STELLUNG DER STUNDE IN DER EINHEIT

1. Einführung des Mini-Zauberdreiecks mit Zahlen von 1-6:
   Selbständige Entdeckung und Präsentation der Eigenschaften des Mini-Zauberdreiecks
   Problemstellung: Gibt es noch weitere Zauberdreiecke?
   Aktiv-entdeckende Auseinandersetzung mit dem Mini-Zauberdreieck mit Zahlen von 1-6: Selbständige Entwicklung neuer Zauberdreiecke

2. Vergleich zweier durch Achsenspiegelung entstandenen Zauberdreiecke
   Präsentation der Entdeckungen
   Entwicklung weiterer Zauberdreiecke durch bereits entwickelte eigene Strategien und Achsenspiegelung
   Vorstellen der Erfolgsstrategien zum Finden der Zauberdreiecke und der möglichen Zauberzahlen

3. Vorstellen und Sortieren der gefundenen Zauberdreiecke nach vier möglichen Seitensummen (9, 10,11, 12)
   Entdecken und Formulieren der Eigenschaften der gefundenen Zauberdreiecke:
   a) In den Ecken stehen die kleinsten, in den Mitten die größten Zahlen

---

[13] vgl. Winter, H., zitiert in Wittmann, E. Ch., Müller, G. N., 1998, S. 177
[14] Wittmann, E. Ch., Müller, G. N., 1998, S. 180-181
[15] vgl. Bönig, D., Strippel-Lorfeo, U., 2002, S. 31
[16] vgl. Schipper, W., 2001, S. 10

b) In den Ecken stehen die größten, in den Mitten die kleinsten Zahlen
c) In den Ecken stehen die geraden, in den Mitten die ungeraden Zahlen
d) In den Ecken stehen die ungeraden, in den Mitten die geraden Zahlen

Vorstellen der Erfolgsstrategien zum Finden von Zauberdreiecken
Stehen in den Ecken
a) die kleinsten Zahlen, müssen in den Mitten die größten Zahlen stehen
b) die größten Zahlen, müssen in den Mitten die kleinsten Zahlen stehen
c) die geraden Zahlen, müssen in den Mitten die ungeraden Zahlen stehen
d) die ungeraden Zahlen, müssen in den Mitten die geraden Zahlen stehen
Weitere Problemstellungen:
Gibt es ein Zauberdreieck mit der Seitensumme 8 oder kleiner? (3 doppelt nötig)
Gibt es ein Zauberdreieck mit der Seitensumme 13 oder größer? (4 doppelt nötig)

4. **Einführung des Mini-Zauberdreiecks mit Zahlen von 1-10**
   Selbständige Entdeckung und Präsentation der Eigenschaften
   Problemstellung: Gibt es noch weitere Zauberdreiecke mit Zahlen von 1-10?
   Aktiv-entdeckende Auseinadersetzung mit dem Mini-Zauberdreieck mit Zahlen von 1-10:
   Selbständige Entwicklung neuer Zauberdreiecke
   Vorstellen der Erfolgsstrategien zum Finden von Zauberdreiecken
   Vorstellen ausgewählter Zauberdreiecke

5. Vorstellen der Lösungen und der Lösungsstrategien
   Sortieren der gefundenen Zauberdreiecke nach möglichen Seitensummen (9, 10,11, 12, 13, 14, 15, 16, 17, 18, 19, 20, 21, 22, 23, 24)
   Entdecken und Formulieren der Eigenschaften der gefundenen Zauberdreiecke
   a. Stehen in den Ecken die drei Zahlen mit Unterschied 1, müssen in den Mitten auch Zahlen mit Unterschied 1 stehen
   b. Stehen in den Ecken die drei Zahlen mit Unterschied 2, müssen in den Mitten auch Zahlen mit Unterschied 2 stehen, usw.

6. Vertiefung des Zauberdreiecks:

   Entdecken additiver Beziehungen zwischen den einzelnen Zauberdreiecken und Anwenden der Erkenntnisse beim eigenständigen Erstellen von weiteren Zauberdreiecken mit höheren Zahlen.

Methodische Überlegungen

Zu Beginn der Stunde erhalten die Tischgruppen jeweils zwei ausgefüllte Zauberdreiecke, in denen die Zahlen 1 bis 10 repräsentiert sind. Ein einziges Zauberdreieck würde in diesem Fall nicht ausreichen, weil es nur sechs Zahlen beinhaltet. Dieses methodische Vorgehen könnte die Schüler zu einer falschen Schlussfolgerung führen, dass in der heutigen Stunde nur mit sechs Zahlen gearbeitet werden sollte. In dieser Unterrichtsphase werden durch die ausgewählten Zauberdreiecke spezifische Anreize gesetzt, die zur strukturellen Einordnung der Aufgaben zu einem bestimmten Aufgabentyp befähigen sollen.[17] In der Gruppe betrachten und bewerten die Kinder zunächst die Zauberdreiecke. Hier stehen „die mathematischen Tätigkeiten wie das Erkunden von strukturellen Zusammenhängen" und Gesetzmäßigkeiten im Vordergrund.[18] Das Lernangebot regt die Schüler dazu an, eigene Entdeckungen in der Gruppe mündlich zu beschreiben, damit sich die angebahnte „Gesprächskultur der Verständigung und Zusammenarbeit unter den Kindern" weiterentwickeln kann.[19] Der Gruppenschreiber fasst die Ergebnisse der ersten Arbeitsphase in Kurzform zusammen. Das präzise und knappe schriftliche Formulieren ist hier gefragt und wird geübt. Das Protokoll dient den Sprechern in der Präsentationsphase als Hilfsmittel, die Entdeckungen der Gruppe im Klassenverband vorzustellen. Zunehmend werden die Kinder aufgefordert, die Notizen nur als Gedächtnisstütze zu verwenden und ihre Gedanken frei zu äußern.

---

[17] vgl. Schütte, S., 2002, S. 6
[18] Bobrowski, S., Grassmann, M., 2002, S. 4
[19] Bönig, D., Strippel-Lorfeo, U., 2002, S. 31

Da der Klassenraum über keine Magnettafel verfügt, müssen die Entdeckungen im Sitzkreis vorgestellt werden. Dies ermöglicht nicht die gewünschte optimale Sichtweise auf die Ergebnisse. Der Kinositz wäre in dieser Unterrichtsphase die bessere Alternative. Die Lerngruppe ist es jedoch aufgrund der arbeitstechnischen Lernvoraussetzungen gewohnt, dass einige Kinder die Präsentationen auf dem Kopf betrachten müssen. In dieser Phase gibt der Unterricht den Schülern die Chance, eigene Entdeckungen und Ideen zu äußern und lässt somit die kommunikativ-interaktive Offenheit zu.[20] Das Verbalisieren des Erarbeiteten ist bedeutend, um einen Lerngegenstand geistig zu durchdringen. Durch die Sprache kann das Denken neue Ansatzpunkte gewinnen.[21] Die individuellen Vorgehensweisen der Kinder werden entsprechend gewürdigt, die Missverständnisse und Fehler als Chancen für das Weiterlernen gesehen. Durch positive Rückmeldungen der Lehrerin und der Mitschüler werden die Erfolgserlebnisse der Lerngruppe gestärkt. Die Reflexionsphasen tragen auch dazu bei, den Umgang mit der konstruktiven Kritik zu lernen und zu üben. Der Austausch der Entdeckungen soll vielfältige Sichtweisen und unterschiedliche Kompetenzstufen zulassen und fördern. Die Vielfältigkeit der Entdeckungen erlaubt es, das Zauberdreieck ganzheitlich zu betrachten, und nicht nur herausgegriffene, reduzierte Teilaspekte in den Vordergrund treten zu lassen. Damit ist gewährleistet, dass jeder einzelne Schüler eine für sich besonders günstige Zugangsweise zur Thematik finden und wählen kann.

Die Grenzen zwischen der Präsentations- und der Erarbeitungsphase sind sehr fließend. Durch fundierte Beiträge in der Präsentationsphase kann sich die Erarbeitungsphase deutlich verkürzen. Werden die Prinzipien und Regeln von den Schülern selbständig erkannt und vorgestellt, kann auf gezielte Impulse seitens der Lehrkraft verzichtet werden. Diese methodische Entscheidung ist einerseits zeitsparend, andererseits wäre ein Methodenwechsel an dieser Stelle nicht sinnvoll. In einem Unterricht, der den Schülern selbständige Erarbeitung des neuen Lernstoffs und Entdeckung neuer Zusammenhänge ermöglicht, kann keine scharfe Trennlinie zwischen den beiden Phasen gezogen werden. Beispielsweise könnten die Schüler folgendermaßen die Regel zum erfolgreichen Legen der Zauberdreiecke zusammenfassen: Man nehme zunächst drei hintereinander folgende Zahlen und lege sie in die gelben Felder so, dass es immer eins mehr wird. Man nehme drei andere hintereinander folgende Zahlen. Man lege die größte dieser Zahlen zwischen die zwei kleinsten, die mittlere zwischen zwei mittleren und die kleinste zwischen zwei größten gelben Zahlen.

Nachdem der Arbeitsauftrag II erteilt ist, gehen die Schüler in die Arbeitsphase II. Ich erläutere, dass die Kinder alleine arbeiten können. Die Meisterung der Knobelaufgaben erfordert eine hohe Konzentration, die Einzelarbeit ist daher sehr sinnvoll. Die erfolgreiche Durchführung der Aufgabe erfordert womöglich mehrmaliges Verschieben der Zahlen innerhalb des Zahlendreiecks. Ein Kind hat die selbst gelegten und verschobenen Zahlen eher im Überblick. Die Handlungen des Partners kann es möglicherweise nicht schnell genug nachvollziehen. Die Möglichkeit der Kommunikation und des Austausches mit dem Partner ist dabei nicht ausgeschlossen. Auf Wunsch können die Schüler zusammenarbeiten, immerhin haben sie bei gewählter Alternative die Möglichkeit, nebenher individuelle Wege zu gehen, da schließlich jedes Kind eigenes Material besitzt. Strategisch mit den erarbeiteten Kriterien oder auch probierend versuchen die Schüler, weitere Zauberdreiecke zu entwickeln. Sie kontrollieren sich selbst, denn am gelegten Zahlendreieck lässt sich nachrechnen, ob alle Seitensummen gleich groß sind oder nicht. Ein wesentliches Motiv für ein Kind ist die Anerkennung seiner Leistungen. Deswegen sollen die Schüler auf dem vorhandenen Arbeitsblatt nicht nur erfolgreiche Problemlösungen, sondern auch gescheiterte Lösungsversuche eintragen. Die gewählte methodische Vorgehensweise zeigt allen Kindern der Lerngruppe, dass unabhängig vom Endergebnis die tatsächlich geleistete Arbeit von der Lehrerin akzeptiert und anerkannt wird. Auf diesem Weg kann ein Kind zeigen, dass es sich bei der Bewältigung der Aufgabe anstrengt und konzentriert, auch wenn es nicht zum gewünschten Endergebnis führt. Dem Fortschreiten der Verzweiflung des Kindes über seine Schwierigkeiten wird mit dem verständnisvollen Umgang und Akzeptanz entgegengewirkt. Der Unterricht muss jedem Kind Erfolgserleben bei der Bewerkstelligung der Aufgaben garantieren. Hieraus erwächst das Lernen stimulierende intrinsische Motivation.[22] Aus diesem Grund muss denjenigen Kindern, die die Zusammenhänge am Zauberdreieck und die Lösungsprinzipien nicht verinnerlichten und durch probierende Vorgehensweise die Aufgabe nicht lösen konnten, durch eine Reduktion des Schwierigkeitsgrades zum Erfolgserlebnis verholfen werden. Die Tipps hinter der Tafel stellen somit Impulse dar, die das Anforderungsniveau der Aufgabe reduzieren.

---

[20] Schipper, W., 2001, S. 10
[21] vgl. Möller, K., 2000, S. 345
[22] vgl. Joswig, H., 2002, S. 10

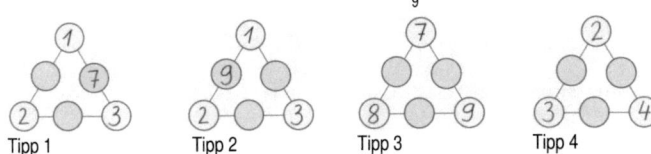

Tipp 1   Tipp 2   Tipp 3   Tipp 4

Die Tipps haben nur soviel Vorgaben, dass eine oder mehrere Lösungen möglich sind.
Bei den Tipps 1 und 2 sind insgesamt 4 Zahlen vorgegeben, drei auf einer Seite und 2 auf der zweiten Seite. Die Seitensumme ist nicht vorgegeben und muss erst ermittelt werden. Die Zahlen der anderen Seiten können schrittweise berechnet werden.
Die Tipps 3 und 4 bieten eine Hilfestellung auf einem höheren Anspruchsniveau. Hier sind drei Eckzahlen ohne Seitensumme vorgegeben. Die Gesamtlösung kann durch Kombinieren und Probieren gefunden werden.
Mit der Möglichkeit der Inanspruchnahme der zur Verfügung gestellten Lernhilfen können sich alle Kinder – von den lernschwachen bis zu den lernstarken - an der Lösung von Problemen gemeinsam beteiligen.[23]
Meine Aufgabe in der Arbeitsphase II besteht darin, die Kinder zu beobachten, auch kleine Fortschritte der einzelnen Kinder entsprechend zu würdigen und, wenn es angebracht ist, zur Benutzung der vorhandenen Lernhilfen zu ermutigen. Mitten in der Arbeitsphase bitte ich zwei Kinder, jeweils eine gefundene Lösung an die Tafel zu schreiben, so dass die ganze Lerngruppe eine gute Sicht darauf hat. Durch ein akustisches Zeichen wird die Arbeitsphase unterbrochen. Die ausgewählten Schüler stellen ihre erfolgreichen Lösungsstrategien der Klasse vor. Die anderen können Fragen stellen. Dieser methodische Schritt unterstützt einerseits die Verfolgung allgemeiner Lernziele wie das Darstellen, Formulieren und Begründen der Aussagen, das Ausbilden der Argumentations- und Kritikfähigkeit und dient andererseits den anderen Schülern als Impuls zur Anwendung der bekannten oder neuen Denkstrategien.
Alternativ könnten mehrere Kinder ihre entdeckten Strategien und gefundene Lösungen im Kinositz präsentieren. In diesem Fall könnten die Lösungszahlen in leere Zahlendreiecke von den Kindern eingetragen werden. Weiter könnten die Kinder untersuchen und diskutieren, worin sich die Lösungen bzw. die Strategien unterscheiden oder Gemeinsamkeiten bestehen. Die Realisierung ist jedoch in der heutigen Stunde aus Zeitgründen nicht möglich. Die sinnvolle Alternative wird zum Ausgangspunkt der nächsten Stunde gemacht.
In der verbleibenden Zeit nach der kurzen Präsentation sollen die Kinder noch einmal an die Problemlösung herangehen und nach Möglichkeit die Hilfestellungen in ihre Arbeit integrieren.

---

[23] Szacknys-Kurhofer, S., 2004, S. 2

Literaturliste

1. BOBROWSKI, SUSANNE; GRASSMANN, MARIANNE: Qualitativer Mathematikunterricht. In: Praxis Grundschule. 2/2002. Braunschweig: Westermann Verlag 2002. S. 4

2. BÖNIG, DAGMAR; STRIPPEL-LORFEO, URSULA: Auf dem Weg zu einer förderlichen Gesprächskultur. In: Praxis Grundschule. 2/2002. Braunschweig: Westermann Verlag 2002. S. 31-33

3. GRASSMANN, MARIANNE: Begabte Kinder in der Grundschule – Herausforderung oder Modethema? In: Praxis Grundschule. 6/2002. Braunschweig: Westermann Verlag 2002. S. 4-5

4. JOSWIG, HELGA: Wie können begabte Schülerinnen und Schüler gefördert werden? In: Grundschule. 11/2002. Braunschweig: Westermann Verlag 2002. S. 8-10

5. LORENZ, JENS HOLGER: Lernschwache Rechner fördern. Berlin: Cornelsen Verlag 2003

6. METZNER, WERNER: Das Zauberdreieck. Stuttgart und Düsseldorf: Klett Verlag 1991

7. MÖLLER, KORNELIA: Kinder auf dem Wege zum Verstehen von Technik – Zur Förderung technikbezogenen Denkens im Sachunterricht. In: Hinrichs, W.; Bauer, H.-F.; Zur Konzeption des Sachunterrichts. Donauwörth: Auer Verlag 2000. S. 328-348

8. MÜLLER, ROBERT: Mathematik für Denksportler. Aufgaben und Lösungen ausgefallener mathematischer Probleme. Düsseldorf: ECON Verlag 1986

9. RADATZ, HENDRIK; RICKMEYER, KNUT: Aufgaben zur Differenzierung im Mathematikunterricht der Grundschule. Hannover: Schroedel Verlag. 1996

10. SCHERER, PETRA: Substantielle Aufgabenformate – jahrgangsübergreifende Beispiele für den Mathematikunterricht. In: Grundschulunterricht. 1/1997. Ulm: Ebner Verlag 1997. S. 34-38

11. SCHIPPER, WILHELM: Offenheit und Zielorientierung. In: Grundschule. 3/2001. Braunschweig: Westermann Verlag 2001. S. 10-15

12. SCHÜTTE, SYBILLE: Aktivitäten zur Schulung des Zahlenblicks. In: Praxis Grundschule. 2/2002. Braunschweig: Westermann Verlag 2002. S. 5-6

13. SZACKNYS-KURHOFER, SILVIA: Aktiv-entdeckendes Lernen und Üben – ein Widerspruch? Neue Konzepte für den Mathematikunterricht in der Grundschule. (http://www.learn-line.nrw.de/angebote/gsmathekonzepte/medio/ueben.html), Datum: 28.08.04

14. WITTMANN, ERICH CH.; MÜLLER, GERHARD N.: Handbuch produktiver Rechenübungen. Vom Einspluseins zum Einmaleins. Band 1. Stuttgart und Düsseldorf: Klett Verlag 1997

15. WITTMANN, ERICH CH.; MÜLLER, GERHARD N.: Handbuch produktiver Rechenübungen. Vom halbschriftlichen zum schriftlichen Rechnen. Band 2. Stuttgart und Düsseldorf: Klett Verlag 1998

2. VERLAUFSPLAN FÜR DEN 07.10.04

Phase	Zeit	geplanter Unterrichtsverlauf	Arbeits- und Sozialformen	Medien
Einstieg und Arbeitsauftrag I	8.45 2 min	L: „Ich habe für euch heute neue Zahlendreiecke mitgebracht. Schaut euch die Zahlendreiecke in der Gruppe an. Erzählt einander, was euch auffällt, was ihr entdecken könnt. Eure Entdeckungen schreibt ihr in Kurzform im Gruppen-Entdeckerheft auf.	Frontale Ausrichtung Lehrervortrag	8 große Zauberdreiecke (2 unterschiedliche Versionen)
Arbeitsphase I Tischgruppenarbeit	8.47 8 min	Die Schüler betrachten in der Gruppe die Zauberdreiecke. Sie berichten einander von ihren Entdeckungen bezüglich der Besonderheiten, Strukturen und Gesetzmäßigkeiten der Zahlenanordnung und schreiben diese auf einem Blatt auf.	Gruppenarbeit	8 große Zauberdreiecke (2 unterschiedliche Versionen) für die Gruppenarbeit, 4 Blätter, 4 dicke Stifte
Präsentation Reflexion I	8.55 10 min	Eine Gruppe stellt ihre Entdeckungen vor, die anderen Gruppen ergänzen die Aussagen. Auf diese Weise tauschen sie die Erfahrungen aus.	Sitzkreis Schülerpräsentation	2 große Zauberdreiecke
Erarbeitung	9.05 6-8 min	L: „Ihr habt wieder die Geheimnisse der Zahlendreiecke gelüftet. Diese Zahlendreiecke sind Zauberdreiecke mit den Zahlen 1-10. Bei diesen Zauberdreiecken sind alle Seitensummen gleich groß." Wenn in der Präsentation nur wenige Prinzipien bezüglich des Aufbaus eines Zauberdreiecks vorgestellt wurden, setzt die Lehrerin weitere Impulse: „Was fällt euch bei den gelben bzw. grünen Zahlen auf? In welcher Reihenfolge liegen die gelben bzw. die grünen Zahlen? Haben die Zauberdreiecke Zaubertricks, die euch auffallen? Welche?" L: „Vielleicht gibt es noch mehr Zauberdreiecke mit den Zahlen 1-10? Wer von euch möchte versuchen mit den Zahlenkärtchen ein neues Zauberdreieck zu legen?" Ein Schüler fängt an und versucht ein Zauberdreieck zu legen. Er beschreibt und erklärt seine Handlungen. Die anderen Schüler ergänzen und rechnen nach, ob ein Zauberdreieck entsteht. Die mittlere Tafel ist in zwei Spalten unterteilt: „Zauberdreiecke" und „keine Zauberdreiecke". Das gelegte Endergebnis wird in die passende Spalte eingetragen.	Lehrervortrag Lehrer-Schüleraktivität	

12

Arbeitsauftrag II	9.13 2 min	„Jeder von euch bekommt jetzt Zahlenkärtchen mit Zahlen 1-10, ein Dreiecksfeld und ein Blatt zum Eintragen der Ergebnisse. Legt nur sechs von zehn Ziffernkärtchen geschickt auf die Felder. Versucht ein neues Zauberdreieck zu finden. Denkt an die Zaubertricks bei den Zauberdreiecken. Prüft nach, ob ein Zauberdreieck entstanden ist. Entsteht ein Zauberdreieck, trägt ihr es links auf dem Arbeitsblatt ein. Entsteht kein Zauberdreieck, tragt ihr es rechts ein. Ich bin mir ganz sicher, dass ihr noch viele Zauberdreiecke finden könnt. Kommt ihr gar nicht weiter und findet kein einziges Zauberdreieck, habe ich für euch zwei Tipps hinter der Tafel. Da könnt ihr erst nachschauen, wenn ihr selbst schon viel ausprobiert habt."	Lehrervortrag	Schülermaterial: Dreiecksfelder, Briefumschläge mit 10 Zahlenkärtchen, Arbeitsblätter
Arbeitsphase II	9.15 7 min	Die Schüler legen die Zahlenkärtchen in die Dreiecksfelder und untersuchen die entstandenen Anordnungen daraufhin, ob es sich um Zauberdreiecke handelt. Strategisch oder probierend entwickeln sie neue Zauberdreiecke. Beim wiederholenden Herausbekommen von „Nichtzauberdreiecken" dürfen die Schüler auf die Tipps der Lehrerin zurückgreifen.	Einzelarbeit, Möglichkeit der Kommunikation mit dem Partner	Schülermaterial: Dreiecksfelder, Briefumschläge mit 10 Zahlenkärtchen, Arbeitsblätter
Präsentation Reflexion II	9.22 4 min	Zwei Schüler tragen ihre Lösungen in die große Vorlage ein, stellen jeweils ein Zauberdreieck vor und erläutern die Lösungsstrategien, die sie zur schnellen Problemlösung geführt haben.	Schülerpräsentation	Zwei von den Schülern gefundene Zauberdreiecke Zwei große Vorlagen zum Eintragen der Zahlen
Arbeitsphase III	9.26	Die Schüler suchen nach weiteren Zauberdreiecken und können die vorgestellten Strategien erproben.	Einzel- Gruppenarbeit oder	Schülermaterial: Dreiecksfelder, Briefumschläge mit 10 Zahlenkärtchen, Arbeitsblätter